AF247351

DE LA MÉDECINE LÉGALE

A L'OCCASION D'UN

MÉMOIRE DE M. LE DOCTEUR PETIT

de Château-Thierry

PAR M. E. GONEL

Avocat, membre titulaire de l'Académie Impériale de Reims

REIMS

P. DUBOIS, IMPRIMEUR DE L'ACADÉMIE IMPÉRIALE

Rue de l'Arbalète, 9

1865

DE LA MÉDECINE LÉGALE

A L'OCCASION

D'UN MÉMOIRE

de M. le docteur PETIT , de Château-Thierry (1).

MESSIEURS,

Vous m'avez fait l'honneur de soumettre à mon examen deux articles que M. le docteur Petit, médecin à Château-Thierry, a publiés dans la *Lancette fran-çaise*, *Gazette des hôpitaux*, les 9 et 23 Février dernier. Ce travail du docteur a pour titre : « *Quel doit être le rôle du médecin appelé à déposer devant la justice ?* »

Vous savez combien l'objet de cette proposition est sérieux ; mais permettez-moi de rappeler ici qu'il emprunte un caractère particulier et bien digne de votre attention à cet esprit d'interprétations contradictoires qui se manifeste trop fréquemment entre le magistrat et les médecins, lorsque ces derniers sont appelés, en qualité d'experts, à joindre aux observations du juge l'autorité des observations recueillies par la science.

Le nom du docteur Petit m'invite, particulière-ment, à prendre en considération son œuvre. Je

(1) Extrait du Compte-Rendu des *Travaux de l'Académie impériale de Reims*, année 1864-1865.

connais son zèle éclairé, son dévouement à son devoir, et le respect religieux qu'il apporte dans
l'examen de toutes les affaires que la justice s'em-
presse de lui confier. S'il a fait le travail que je vais
avoir l'honneur de vous exposer, il l'a entrepris
dans la vue de faciliter au médecin les moyens d'ex-
primer devant les tribunaux toute sa pensée, et ce
dessein n'est certainement pas dominé chez lui par des
susceptibilités ou des préoccupations d'amour-propre.

Ami de la science, le docteur Petit exprime le
désir de l'appliquer à tous les moyens de connaître la vérité, et de l'associer à la justice d'une
manière si intime et par des liens si étroits, qu'il
ne craint pas de confondre les attributions qui sont
propres à chacune d'elles et qui semblent leur
imposer un rôle distinct.

Avant d'analyser ce travail, permettez-moi d'entrer dans quelques considérations générales. Peut-on
raisonnablement prétendre qu'en matière de médecine légale, les faits sont tellement variés selon leurs
modes et leurs apparences, qu'il ne soit pas possible
de régler les moyens de constater les observations?

Il est constant qu'un grand nombre de faits apparaissent fréquemment dans un état de simplicité qui
permet de tracer à l'avance l'appréciation qui résul-
tera d'un examen, et que, dans ce cas, des formules
générales peuvent suffire aux questions posées par le
juge, ainsi qu'aux réponses faites par l'homme de
l'art. Mais, lorsque les faits sont compliqués, ou
lorsque des faits nouveaux, imprévus, apparaissent
et se manifestent au milieu des opérations, lorsqu'ils
empruntent à des circonstances un caractère particulier, est-il utile et même nécessaire de s'affranchir

de toute règle, de répondre *ultra petita*, et de négliger la formule ou le modèle proposés ? Et dans ce cas, comment la justice a-t-elle l'habitude de procéder ? comment l'expert exprime-t-il son avis ou son opinion dans la pratique ? Nous tâcherons de répondre à ces questions.

M. le docteur Devergie a défini la médecine légale : « l'art d'appliquer les documents que nous fournissent les sciences physiques et médicales à la *confection* de certaines lois, à la connaissance et à *l'interprétation* de certains faits en matière judiciaire. »

Accepterez-vous cette définition ?

Il me semble qu'elle n'isole pas assez le rôle de l'expert, qu'elle permet trop à la science de s'immiscer dans le travail d'application qui appartient au législateur, et qu'elle lui attribue, en outre, une trop large part dans la voix délibérative du juge.

Voici une autre définition que je trouve dans le livre de M. Henri Bayard : « C'est la médecine considérée dans ses rapports avec l'institution des lois et l'administration de la justice. »

Cette définition plus courte et plus modeste me plaît ; elle rappelle bien le rapport qui peut exister entre la loi ou la justice et l'art spécial. Ici, l'art ne prétend qu'à la voix consultative ; j'aime mieux cela. Et cet aveu que je fais, peut déjà donner la mesure de la modération que je dois apporter dans mon examen.

Les observations du docteur Petit ayant spécialement pour objet les rapports de la médecine légale avec l'administration de la justice criminelle, c'est cette branche des sciences médicales que nous considérons ici.

Nous remarquons d'abord, que, pour la division de la matière, les auteurs ont observé un ordre de classification conforme à l'ordre tracé par le Code pénal, en conservant pour titres les expressions dont la loi se sert pour qualifier les faits. C'est ainsi que nous voyons les exposés de la doctrine se développer sous les titres de : *attentats à la pudeur, viol, infanticide, avortement, empoisonnement*, etc..., qui semblent inviter le médecin à qualifier légalement ou judiciairement les faits soumis à ses observations. M. le docteur Petit n'a pas défini le mot *qualification*, mais, dans tout son travail, il revendique au profit du médecin le droit de qualifier.

M. Devergie, souvent cité, a placé en tête de son traité cette épigraphe, que le docteur transcrit aussi en tête de son article : « *Medici non sunt proprie testes ; sed est magis judicium quam testimonium.* » Quoique cette sentence ait le mérite d'être formulée en latin avec une certaine tournure grecque, nous demandons la permission de la critiquer.

Affirmer *ex abrupto* que la déclaration du médecin est plus qu'un témoignage et qu'elle est l'expression d'un jugement, c'est débuter par la conclusion au mépris du raisonnement qui doit la précéder. Le médecin invité par la justice à donner son avis sur les faits qui lui sont soumis comme objet d'expertise, n'est pas un juge, il ne peut se croire appelé à prononcer une sentence.

Le magistrat lui propose de vérifier un état de choses, de définir cet état de choses, d'observer les conditions selon lesquelles il est et selon lesquelles il a pu être produit, et de constater le résultat de ses observations. Il prête, comme un témoin, un serment *de faire son rapport et de donner un avis en son honneur et conscience.* C'est sur le rapport, ce que M. le docteur Petit appelle l'*historique*, et sur l'avis, qu'il considère comme la conséquence ou la conclusion légale, qu'il y a conflit.

Le docteur réclame au profit du médecin :

1° Le droit d'interroger des inculpés et des témoins surtous les faits et toutes les circonstances dans le moment où il procède à son expertise ;

2° Le droit de faire l'historique des indices et des preuves à l'appui de ses conclusions.

Il réclame donc toute liberté d'action dans l'exercice des investigations.

Il veut toute liberté d'expression pour émettre son avis, y compris le droit de qualifier le fait *crime* ou *délit*, et le droit de déclarer qu'il n'y a ni crime ni délit.

Nous pensons que M. le docteur Petit n'a pas bien compris les limites qui sont tracées par la loi elle-même, et qu'il n'a pas assez apprécié toute la liberté qui lui est laissée par la justice.

Nous allons reproduire les exemples qu'il a cités à l'appui de sa prétention, et ces mêmes exemples qu'il a choisis nous serviront pour lui démontrer que ce qu'il réclame lui est accordé dans une large mesure, et qu'il y aurait danger à consentir une concession plus étendue.

Premier exemple :

« Il y a quelques années, dans un village de notre arrondissement, un riche vigneron était accusé d'avoir violé sa servante. Celle-ci, visitée par un de nos confrères, fut trouvée déflorée. Des déchirures encore fraîches indiquaient que cette fille avait subi récemment les approches d'un homme. Était-ce avec son consentement, ou bien avait-elle résisté énergiquement aux sollicitations pressantes de son maître ? L'expert, après un examen attentif de la femme, pensa qu'il n'y avait pas eu résistance suffisante de sa part. « *Il n'y a pas eu de viol*, » disait-il.

» Je n'examinerai point ici les raisons bien ou mal fondées sur lesquelles il s'appuyait ; je ne veux pas juger le fait. Je le veux d'autant moins, que l'accusé, homme d'une moralité suspectée à bon droit, fut reconnu coupable par le jury et condamné à sept ans de travaux forcés.

» Peu de temps après, j'eus l'occasion de parler de cette affaire avec les honorables magistrats qui l'avaient instruite. Ils blâmaient énergiquement mon confrère d'avoir voulu juger et caractériser le fait, au lieu de se borner à décrire les lésions observées. « Ce n'est pas à vous, me disaient-ils, qu'il appar- » tient de qualifier un fait, d'affirmer ou de nier l'exis- » tence d'un crime. Nous seuls magistrats, devons le » faire. Que le médecin légiste se contente de répondre » à nos questions, de décrire l'état des individus soumis » à son examen, les lésions, les blessures, etc. ; nous » en tirerons les conséquences. »

Il faut convenir que ce premier exemple est un argument contraire à la prétention du docteur, et qu'il fait ressortir le danger qu'il y aurait pour la société à abandonner au médecin le droit de décider s'il y a lieu ou s'il n'y a pas lieu à suivre pour crime de viol. Nous ne voulons pas insister sur ce premier exemple : il suffit de le lire pour avoir une conviction, et si le docteur a seulement voulu nous apprendre qu'à cette occasion le magistrat lui a fait certaines recommandations, cette citation est encore

inutile, car nous savons tous que les juges d'instruction n'oublient jamais, dans les affaires de cette na-
ture, de rappeler au médecin la bonne règle à laquelle il faut, surtout en matière de viol, se conformer.

Le docteur continue ses réflexions et ses citations,
et il ajoute :

« Le juge d'instruction ne peut rejeter un rapport
parce que ce rapport conclurait et qualifierait un
fait (accident, délit ou crime), ou bien parce qu'il
contiendrait des détails qui, quoique étant plutôt du
ressort du magistrat, serviraient cependant à l'explication médicale des faits observés. Il le peut d'autant
moins, qu'il a toute latitude pour choisir l'homme de
l'art, et qu'ensuite il peut nommer d'autres experts
et faire contrôler le premier rapport, s'il pensait que
son auteur, involontairement séduit et entraîné par
des influences étrangères, fût tombé dans l'erreur.
Pour mieux faire comprendre la vérité de ce que
j'avance, je vais rapporter deux faits pris parmi
beaucoup d'autres que j'ai eu l'occasion d'observer.

» Il y a cinq ou six ans, à la demande du maire
de T...-V..., M. le procureur impérial me pria de
vouloir bien me transporter immédiatement à ce
village pour y visiter le corps d'un enfant qui venait
de succomber dans des circonstances telles que la
rumeur publique dénonçait sa mère comme l'ayant
fait mourir.

» Il s'agissait d'une femme qui, séparée de son
mari depuis huit ou neuf ans, avait, malgré cela,
à des intervalles plus ou moins éloignés, donné le
jour à quatre enfants qui, tous, quoique nés pleins
de vie et de santé, avaient succombé peu de jours
après leur naissance.

» A la première inspection, douze heures environ après la mort, il me fut facile de reconnaître
que cet enfant était mort par asphyxie. L'autopsie
m'en donna la confirmation...... Mais sa mort
était-elle accidentelle ou le résultat d'un crime?
Sans faire connaître et surtout sans laisser voir mes
impressions, je demandai à la mère quelques renseignements sur les derniers moments de son enfant et
sur la maladie qui avait dû précéder sa mort; cette
femme me répondit : « Que son enfant n'avait été
» malade que deux ou trois jours; il paraissait beau-
» coup souffrir, pleurait, refusait le sein et ne voulait
» plus boire qu'un peu d'eau sucrée; puis il alla en
» s'affaiblissant et finit par succomber. »

» Voilà tout ce que je pus savoir. Cette explication
fut loin de me satisfaire ; tout cela ne se rapportait
guère avec ce que venait de me démontrer l'autopsie.
En effet, l'enfant était mort asphyxié, et peu d'instants avant, il était encore plein de vie et de santé,
buvait très-bien le lait de sa mère (je venais d'en
trouver une quantité notable dans l'estomac, et ce
lait avait à peine subi un commencement de diges-
tion). La mère ne disait donc pas vrai, quand elle
prétendait que son enfant ne buvait plus que de
l'eau. Convaincue de mensonge, cette malheureuse
ne me répondit rien.

» Le lendemain, les magistrats se transportèrent
chez elle, et elle leur avoua qu'elle avait fait mourir
son enfant en le pressant contre son sein. C'était le
quatrième qu'elle étouffait ainsi.

» Environ trois ans après le fait que je viens de
raconter, deux femmes étaient conduites en prison
comme accusées, l'une (c'était une fille de vingt et

quelques années) de s'être fait avorter, l'autre(mariée,
âgée de trente ans), de lui avoir indiqué et procuré les
moyens pour cet avortement. Il résultait, en effet, de
l'instruction, que la fille X..., étant enceinte de trois
ou quatre mois, avait, d'après le conseil de la femme
B..., pris une certaine quantité de rue, et qu'une
fausse couche s'en était suivie. Ces deux malheureuses
étaient en prison depuis six semaines déjà, attendant
leur comparution devant la cour d'assises ; elles
avaient beau protester de leur innocence, les faits
semblaient accablants. Toutefois, le juge d'instruction,
ému de leurs protestations, crut enfin devoir recou-
rir à une expertise. Sur sa demande, je me trans-
portai à la prison pour examiner cette affaire.

» Après avoir questionné longuement les accusées,
recueilli et pesé leurs réponses avec la plus grande
attention, je reconnus qu'elles étaient parfaitement
innocentes du crime qui leur était reproché. Voici,
en effet, ce qui s'était passé :

» La fille X..., ayant eu deux ou trois suppres-
sions menstruelles, craignait une grossesse. Toutefois,
sans en être autrement sûre, elle avait demandé à
une de ses voisines quel moyen elle devait employer
pour faire venir ses règles. La femme B... lui conseilla
de prendre une certaine quantité de rue; mais la quantité conseillée et fournie n'était pas considérable : elle
ne devait servir qu'à faciliter l'écoulement menstruel,
en cas de retard. En cas de grossesse, elle ne pouvait
être nuisible. L'administration de la rue n'eut, en
effet, aucun résultat. Il n'y eut ni vomissements, ni
diarrhée, ni écoulement sanguin. Si un avortement
eut lieu, ce ne fut que plus tard, et voici dans quelles
circonstances.

» Un jour, c'était quelque temps après l'administration de la rue, le père de la fille X... rentra chez lui à moitié ivre, et, furieux contre sa femme, il menaçait de la frapper. Sa fille, voulant s'interposer, lève les bras pour retenir la main de son père et lutte avec lui pendant quelques instants. Une heure après cette scène, elle se sent mouillée, regarde son linge et aperçoit du sang. La fausse couche a eu lieu dans la nuit. Sous l'influence d'un effort violent, les bras tendus, un décollement du placenta s'était opéré, et le décollement avait été assez considérable pour provoquer l'avortement au bout de quelques heures.

» Il n'est pas besoin de dire que ces malheureuses femmes furent immédiatement mises en liberté et renvoyées de l'accusation grave qui pesait sur elles. »

Tels sont les exemples cités par le docteur pour constater l'importance du rôle du médecin dans les expertises médico-légales.

Le premier de ces deux exemples est heureusement choisi pour démontrer qu'il y a intérêt pour la justice de puiser des renseignements utiles dans les rapports des médecins, et nous constatons avec plaisir que le docteur Petit a su faire ce qu'il appelle *son historique* dans des termes que le juge a acceptés. En effet, dans l'espèce, après avoir découvert du lait dans l'estomac de l'enfant, il était tout naturel qu'il fît remarquer à la mère ce fait qui la constituait en état de mensonge. Les aveux de l'inculpée sont la conséquence nécessaire de cette preuve matérielle; mais nous insistons pour faire observer que, dans cette circonstance, la justice a été parfaitement d'accord avec l'homme de l'art.

Quant au dernier exemple, il faut convenir que la fille X... craignait d'être enceinte, qu'elle était grosse en effet, qu'elle a demandé un mauvais conseil à la femme B..., que celle-ci lui a conseillé de prendre de la rue, que cette substance est un abortif puissant dont la propriété n'est que trop généralement connue, et que la femme B... devait attirer sur elle l'attention de la justice pour le fait de tentative d'avortement en s'immisçant dans les fonctions du médecin. Et la seule conclusion qu'il soit possible de tirer de cette citation, c'est que la fille X... et la femme B... ont dû se trouver heureuses que le mari ait battu sa femme ce jour-là ; car si la fille n'était pas accouchée après avoir levé ses bras pour protéger sa mère, elle aurait bien pu accoucher pour avoir suivi les conseils de la femme B...

En résumé, le docteur ne nous donne pas un seul exposé des faits pour des cas où son rapport ou son historique a pu être repoussé par le magistrat, et, sur ce point, il n'est pas possible d'apprécier le mérite de sa réclamation, car, à la suite des exposés de faits qu'il nous donne comme exemples, il convient lui-même qu'ils ont été accueillis par la justice dans leur forme et dans leur expression, et, en conséquence, il obtient toute satisfaction.

Nous ne voyons pas qu'il soit possible de tirer de ce travail la conclusion promise ; nous voyons, au contraire, que M. le docteur Petit, dans l'exercice de son art, a suivi la vraie méthode et qu'il est assez habile pour employer toutes les bonnes manières de dire les choses, qu'il sait constater les résultats matériels d'un fait sans juger lui-même que le crime est ou n'est pas ; mais, l'hommage que nous rendons

au mérite particulier du docteur ne nous dispense
pas de confirmer notre opinion par d'autres exemples, et nous voulons profiter de l'occasion pour bien
mettre en évidence tous les dangers qui menaceraient
la société, si le médecin légiste prononçait des sen-
tences. Les exemples que nous citerons sont fixés
dans les souvenirs de tout le monde, et deux faits
pourront suffire pour la démonstration.

Vous vous rappelez, Messieurs, toutes les péripé-
ties d'un grand drame judiciaire où l'intérêt de la
science était en lutte vive et ardente avec l'intérêt de
la justice : je veux parler de l'affaire du Glandier.

Les premiers rapports des hommes de l'art de
Brives et de Limoges appelés à donner leur avis devant la justice, expriment la même opinion et con-
statent les mêmes résultats à la suite des opérations
de deux expertises, et le docteur Bardoux, en son
nom et au nom de ses collègues, déclare à l'audience
que la victime a succombé par suite d'un empoisonnement arsénieux. Cette déclaration rassure l'accusation, elle intimide la défense. Mais, à la suite de
plusieurs audiences, MM. les docteurs Dubois père
et fils et Dupuytren, tous trois arrivés de Paris,
viennent rendre compte de leurs expérimentations et
déclarent : « Les matières qui nous ont été soumises ne contiennent aucune parcelle d'arsenic. »

Une réaction en faveur de l'accusée a lieu dans les
esprits. L'enthousiasme se trahit, il éclate. Mᵉ La-
chaud ne peut contenir un applaudissement, et
Mᵉ Paillet, joignant les mains, s'écrie : « Et huit mois
de prévention ! » Toute la famille de l'accusée est
en pleurs ; l'accusée elle-même, qui a pu résister aux
charges accablantes de la première déclaration, suc-

combe sous son émotion et fond en larmes. C'est alors que les discussions s'engagent entre les premiers et les derniers experts entendus,

Mais l'accusation se renferme dans sa conviction; elle ne se laisse pas aller à ces impressions d'audience, elle réclame la suspension de cette lutte. « Nous voulons faire de la science pour les besoins de la justice, dit-elle, et non pour la science elle-même. » Et la cour ordonne qu'une nouvelle expertise sera faite sur les matières qui ont été l'objet des premières expertises, qu'il sera procédé à l'exhumation du cadavre, qu'il sera procédé à une analyse chimique des matières, afin de voir si elles contiennent des substances vénéneuses. — Deux pharmaciens, membres du jury médical, sont adjoints aux experts.

Après quatre jours d'audience consacrés à l'audition des témoins, tous les médecins se réunissent pour de nouvelles expérimentations. L'odeur des fourneaux pénètre dans la salle et annonce à l'auditoire que la grande question scientifique sera bientôt résolue. Enfin, M. Dupuytren vient faire son rapport : « Nos conclusions prises à l'unanimité, dit-il, sont : « qu'il n'y a d'arsenic dans aucune des » substances *animales* soumises à notre examen. »

Inutile de décrire l'agitation bientôt comprimée par la parole de M. l'avocat général. Cependant l'audience reste suspendue dans cet état de surprise.

M. Dupuytren, interrogé, ajoute : « Nous avons eu le soin de conserver, après nos expériences, une partie des substances préparées et non préparées qui pourront être plus tard soumises à de nouvelles expérimentations, si on le juge nécessaire. »

Et Mᶜ Paillet s'écrie : « L'homme tout entier a été soumis à l'analyse, et pas un atome d'arsenic ! »

Le docteur Lespinasse, l'un des premiers experts
qui s'étaient prononcés pour l'affirmative, vient dire :
« Comme médecin, j'ai une opinion différente de ce
que j'ai vu comme chimiste. Je n'ai rien trouvé
aujourd'hui, absolument rien... Et, cependant, je
crois fermement, comme médecin, que la mort a été
occasionnée par une substance délétère, par l'empoisonnement. »

Le docteur Massénat déclare que : « les expériences
d'aujourd'hui leur ont donné la preuve qu'ils étaient
dans l'erreur. » Et il ajoute : « Comme médecin, ayant
observé les symptômes de la maladie, j'ai été porté
à conclure que le malade était mort par empoisonnement. »

Voilà un grand fait, Messieurs, qui peut servir
d'exemple ; c'est un enseignement qui s'adresse et
aux hommes de l'art, et aux magistrats, et aux
gens du monde.

A la suite de plusieurs expérimentations, à la
suite de plusieurs affirmations contradictoires, vous
voyez des médecins, d'abord partagés, quant à leurs
avis, sur la question de la présence de l'arsenic dans
des substances analysées, se réunir tous dans une
seule et même opinion, et proclamer à l'unanimité,
comme chimistes : que le poison n'est pas là.

Eh bien ! Messieurs, cette dernière déclaration
faite à l'unanimité par un grand nombre d'experts,
n'est elle-même que l'expression d'une erreur ; cette
opinion, qui paraît si bien assise sur les bases de la
science, va elle-même se dissiper et s'évaporer dans
un nouvel examen.

De même que les médecins appelés au lit du
malade conservent le sentiment profond que les symp-

tômes les autorisent à réserver une opinion particulière comme médecins, le magistrat, de son côté, conserve encore le sentiment profond qui forme la conviction du juge, que le crime est là. Ces affirmations de la science ne peuvent faire taire le cri intérieur qui est la voix impérieuse de la conscience et qui commande à l'accusation d'insister encore.

Il paraît bien prouvé et démontré pour la défense que la justice s'est trompée, mais il est prouvé et démontré pour le juge que la science commet de graves erreurs.

Et la cour, à la suite d'un long délibéré, décide et ordonne : que MM. Orfila, Devergie et Chevalier seront mandés à Tulle pour procéder à une nouvelle expertise.

En attendant les nouveaux experts de Paris, l'audition des témoins est continuée, et on entend notamment la déclaration de MM. Dubois père et fils et Dupuytren, qui font un rapport verbal sur les résultats des analyses opérées sur les matières diverses recueillies dans la maison du Glandier. Ce rapport constate la présence de l'arsenic dans certaines matières et l'absence de l'arsenic dans d'autres. Les médecins de Brives en avaient trouvé dans la flanelle ; les chimistes de Paris déclarent que le paquet de flanelle qui leur a été soumis n'en contient pas ; mais ils en ont découvert dans la poudre blanche trouvée dans le tablier de l'accusée. Une tasse où était le lait de poule servi au malade par l'accusée contient une quantité considérable d'acide arsenieux jeté là en profusion ; au fond du vase, il y a de quoi empoisonner dix personnes ; l'eau gommée et l'eau panée en contiennent ; dans une poudre blanche remise par M. Fleignat et dans laquelle les chimistes de Brives n'avaient rien trouvé, les experts de Paris découvrent de l'arsenic. La mort-aux-rats, pour la composition de laquelle l'accusée prétend avoir fait emploi de tout l'arsenic acheté chez le pharmacien, n'en contient pas.

De longues discussions s'engagent encore au sujet de ces contradictions nouvelles; elles sont la transition qui prépare les esprits à la dernière scène qui va se dérouler.

Lorsque la nouvelle de l'arrivée des nouveaux experts de Paris circule dans l'auditoire, la curiosité publique se ranime; pour tous, c'est l'heure du dénouement de ce grand drame, c'est l'instant où la terreur et l'intérêt s'emparent de l'esprit.

MM. Orfila, Olivier d'Angers et de Bussy (ces deux derniers assignés en remplacement de MM. Devergie et Chevalier, absents de Paris) sont introduits.

Après un long débat entre M. le procureur général et Mᵉ Paillet sur la position des questions, la cour ordonne : « que MM. les chimistes de Paris, en présence de tous les médecins et chimistes déjà consultés, opéreront tout à la fois, et sur les matières déjà expérimentées, et sur celles qui ont été conservées intactes. »

Enfin, le dernier rapport fait par les premières célébrités de la science, au nom de tous ceux qui ont assisté aux opérations, vient fixer les idées si longtemps ballottées dans l'incertitude. M. Orfila expose, dans l'ordre des expérimentations diverses, les résultats de chaque opération, et il conclut ainsi :

« Il résulte de la première partie de ma déposition et des expériences qui ont été faites : qu'il y a de l'arsenic dans le quart de l'estomac qui restait, dans les liquides contenus dans ce viscère et dans les matières vomies, mais il n'y en a pas beaucoup.

» Il résulte en second lieu : qu'il y en a dans la décoction faite avec les débris organiques, et qu'il y en a beaucoup dans le résidu solide de cette décoction.

» Il en résulte, enfin, que partout ailleurs nous n'avons rien trouvé. »

Il complète son rapport par des explications et démontre que l'arsenic qu'il a trouvé ne vient pas des réactifs employés ;

Que l'arsenic trouvé ne peut provenir de cette portion arsenicale qui se trouve naturellement dans le corps de l'homme.

Il explique les causes de la diversité des résultats obtenus par les précédents experts, et il ajoute, en conséquence, que ce qui a été fait antérieurement ne peut être un argument contre le résultat définitif qu'il a constaté. Il justifie cette assertion par l'exposé des méthodes d'expérimentation.

Les médecins et chimistes, interrogés séparément, viennent tous déclarer que les opérations ont été faites en commun et que leurs conclusions ont été également prises en commun.

Ce n'est pas tout encore : M. Orfila explique, en outre, pourquoi l'arsenic ne s'est retrouvé qu'en quantité minime.

Quant aux symptômes de la maladie consultés pour déterminer s'il y a empoisonnement, il expose une théorie qui est la réfutation de l'opinion des médecins qui leur accordent leur confiance. Il dit que les symptômes varient à l'infini, qu'il n'est pas possible d'affirmer d'après leur aspect, et qu'on ne peut en faire un argument contre l'accusée.

Telle est, Messieurs, l'expression de cette dernière déclaration terrible et fatale. J'ai analysé toutes les déclarations contradictoires des médecins et chimistes dans cette affaire, et cet exposé sommaire me semble suffire pour confirmer mon assertion qu'il y aurait grand danger pour la société, si l'action de la justice pouvait être arrêtée par une sentence de l'expert.

J'ai conservé avec intention les expressions qui sont la formule des conclusions dans ces expertises diverses, afin de mieux vous rappeler avec quelle intelligence de son devoir, le magistrat a laissé à chacun des experts la liberté d'examiner et de conclure. Observer tous les éléments constitutifs du crime ou du délit et constater ces observations, ce n'est pas qualifier dans le sens juridique de ce mot, c'est recueillir les résultats matériels d'un fait qui sera reconnu être crime par le magistrat, et c'est répondre aux questions générales qu'il a posées. Lorsque le magistrat, soit au bas d'une ordonnance rendue dans son cabinet, soit au bas d'un arrêt rendu en chambre des mises en accusation, dit : « Attendu qu'il résulte de l'instruction que tel jour, à telle heure, dans tel lieu, X. a fait telle ou telle chose en agissant de telle et telle manière, que ces faits ont occasionné tel ou tel effet, » dans cette première partie de la disposition de l'ordonnance ou de l'arrêt, il énumère les éléments et les résultats du fait incriminé, c'est la matière qui est l'objet de l'examen du médecin légiste et sur laquelle il est appelé à donner son avis ; mais, lorsque le magistrat

ajoute : « Attendu que ces faits constituent le crime ou
délit prévu et puni par tel article du code pénal, » il
qualifie, il fait une soumission, un travail prépara-
toire par lequel il propose au juge qui doit connaître
et affirmer, qu'il y a lieu de juger et de faire applica:
tion de la disposition de la loi.

Cette seconde partie, c'est la qualification propre-
ment dite. Elle est étrangère aux attributions du
médecin-légiste, l'expert ne peut entrer dans ce
domaine.

La qualification est la formule spéciale et technique
de l'acte judiciaire. Il y a des crimes et des délits
qui ne sont pas définis par la loi.

Les jurisconsultes et la jurisprudence sont d'accord pour reconnaître que les attentats aux mœurs,
par exemple, et notamment le crime de viol, peuvent exister en l'absence de toutes traces de violence.
Si le médecin, dans ce cas, prononçait une sentence,
il ferait acte d'interprétation de la loi, il règlemen-
terait la matière par voie de doctrine, et jetterait la
confusion dans les esprits au moyen des systèmes de
comparaison et d'analogie.

Mais tout ce qui peut servir à propager la lumière
et à mettre la vérité en évidence est nécessairement
conforme au désir de la loi. Docteurs, décrivez-nous
les faits en retraçant leurs caractères sensibles, mais
gardez-vous de juger ou de prononcer une sentence.
Vous êtes témoin, vous dites ce que vous voyez, le
juge appréciera. Le juge vous demande de lui faire
connaître les effets successifs et *causas rerum*, si vous
le pouvez ; mais ces faits ou ces causes ne sont pas des
crimes à vos yeux, ce sont des manières d'être ; vous
ne connaissez pas le crime, vous ne connaissez que

le désordre physique ou moral, et vous attestez que ce désordre existe. La loi dispose que les juges ne sont pas astreints à suivre l'avis des experts, et cette disposition n'est elle-même que la traduction de cet axiome : « *Dictum expertorum nunquam transit in rem judicatam.* »

La loi ne veut pas que l'on puisse opposer au jugement du magistrat cette tête de Méduse : « *Le maître l'a dit,* » que les élèves de Pythagore opposaient à leurs adversaires.

Le juge saura toujours tenir un compte rigoureux de l'autorité du fait; il connaît l'aphorisme : « *Plus valet quod in veritate est quam quod in opinione;* » mais, avant tout, il doit se mettre en garde contre les interprétations contradictoires, il doit craindre la confusion : *Rei veritas, deleta vel confusa, non est.*

Nous pouvons affirmer ici que l'erreur judiciaire en matière criminelle est chose rare, mais nous avons pu constater trop fréquemment que, si la déposition d'un médecin peut motiver une opinion, la déposition d'un second médecin fait naître le doute. Je pourrais vous citer de nombreux exemples qui témoignent de cette opposition dans les avis des médecins-légistes, et j'irais même au besoin jusqu'à prétendre qu'ils ne sont jamais unanimement d'accord entre eux, sur tous les points de fait ou sur tous les aspects des choses. Je vous ai promis un second exemple, et il vous suffira maintenant, sans entrer dans des détails, de vous rappeler l'affaire Armand. A l'instant même où j'écris ces lignes, il me serait facile d'analyser les comptes-rendus de l'affaire de Montpellier qui préoccupe tous les esprits; mais vous assistez comme moi-même à l'étonnement public, en présence des contradictions et des discussions pénibles des hommes de l'art, et vous pouvez apprécier.

En terminant ce rapport, j'aime à rappeler et à constater que le docteur Petit a toujours suivi la bonne règle tracée pour l'expert, que nous sommes d'accord avec lui sur la question de la liberté qu'il convient de laisser au médecin dans l'exercice de sa mission; mais à ceux qui réclameront le droit absolu de qualifier les faits, nous répondrons que la raison comme la loi s'opposent à cette concession.

Reims, Imprimerie de P. DUBOIS, rue de l'Arbalète, 9.

www.ingramcontent.com/pod-product-compliance
Lightning Source LLC
Chambersburg PA
CBHW061816060726
47597CB00008B/3221